Cassandra Studio

NUTRACEUTI E CIBI FUNZIONALI

*"Quando siamo sazi i nostri desideri e le nostre
riflessioni sono diversi di quando siamo a digiuno,
e lo sono anche secondo la diversità del cibo di
cui ci siamo nutriti."*
Plotino, Enneadi, 1.8

ISBN | 978-88-91181-51-0

prima edizione a tiratura limitata di 70 copie numerate e
firmate dall'autore

*Un ringraziamento speciale alla Scuola Superiore di Counseling
ad indirizzo Naturopatico, dove mi sono formata come
Consulente in Nutrizione e Comportamento Alimentare e al suo
Direttore, Dott. Guido Morina, al quale devo l'interesse per il
"mondo dei Nutraceuti" e la supervisione sempre stimolante di
questa Opera.*

IL LIBRO è un lavoro sugli sviluppi scientifici più innovativi e avanzati nel campo della nutrizione: nutraceutica, cibi funzionali, integratori naturali, superfoods, con accenni alla nutrigenomica, epigenetica, e agli altri rami della scienza che oggi si occupano di alimentazione e dei suoi effetti.

Tematica ancora scarsamente conosciuta al di fuori dell'ambito degli specialisti, verte sullo studio dei componenti biochimici (Nutraceuti) contenuti negli alimenti, dei loro effetti globali sull'organismo e dei cibi che li contengono ("cibi funzionali" alla salute). Su di essa stanno investendo gli istituti di ricerca più avanzati (Giappone, Usa, Europa con numerosi progetti CE).

Il testo è prevalentemente basato sulla sintesi di significativi contributi della letteratura e della ricerca in lingua inglese, "filtrati" seguendo un approccio di tipo olistico (inscindibile unità mente-corpo).

Il lavoro tiene anche conto degli aspetti legislativi a tutt'oggi presenti nei vari Paesi, di quelli politico-economici, ambientali, etici e di quelli più specifici legati al rapporto nutrizione-benessere nell'ambito dello stile di vita complessivo.

E' un'opera indirizzata a quella significativa fascia di lettori sensibili ed interessati alle tematiche nutrizionali sia sotto il profilo salutistico che sotto quello esistenziale.

Per questo è stata particolarmente curata una redazione orientata al lettore: schede sinottiche e tabelle (ad es.: *cibi funzionali, nutraceuti in essi contenuti, potenziali effetti benefici; nutraceuti presenti in integratori e superfoods, influenza sul funzionamento dell'organismo)* .

L'obiettivo è quello di fornire al lettore conoscenze e strumenti utili per conseguire consapevolmente il proprio specifico benessere con l'ausilio di un' alimentazione salutare.

L'AUTORE di questo volume è una studiosa e ricercatrice nel campo dell'alimentazione e nutrizione da circa trenta anni.

Consulente in nutrizione e comportamento alimentare ad indirizzo naturopatico (UNIPSI), nel suo percorso ha approfondito anche l'aspetto operativo di trattazione degli alimenti, formandosi inizialmente alla Scuola di Arte Culinaria "*Cordon Bleu*", approdando nel corso degli anni alla visione vegano-crudista che ha approfondito anche come Chef, frequentando l'"*Academy on Raw and Living Cuisine*" dello Chef Matthew Kenney e stage con lo Chef Vito Cortese.

Laureata in Giurisprudenza e in Psicologia ad indirizzo clinico con successivo Master in terapia breve strategica, ha parallelamente coltivato l'interesse per la scienza dell'alimentazione, divenuto parte integrante del suo percorso esistenziale.

La sua ricerca, caratterizzata da un orientamento olistico e sempre legata al vissuto, l'ha portata ad approfondire la Via delle discipline sapienziali del Reiki (Master dal 2009) e dello Yoga (ISFIY della Federazione Italiana Yoga).

Del suo percorso di formazione fanno parte anche le significative esperienze dello Stretching dei Meridiani con Gianna Tomlianovich e della Psicobiorisonanza (*Voce-terapia*) con Francesca Romano.

Parallelamente il suo spirito artistico si è rivelato nel contatto con la creta, (Scuola d'arte di Debora Mondovì), attraverso il quale continua ad esprimere la sua creatività anche come Scultrice.